*Ich bin zu groß um zu erkennen,
woraus ich bestehe
und das Streben des Kleinsten nicht sehe.
Ich bin zu klein um zu Erahnen,
in was ich bin,
und welche Größe macht den Sinn.*

Das Streben nach Raum

oder

was ist Schwerkraft?

Gunther Kuhn

Impressum:

1. Auflage 2023

Herausgeber und Gestaltung

Gunther Kuhn, Oelsnitz/ Erz.

kuhn.gunther@t-online.de

Veröffentlichungen, Einspeicherungen und Vervielfältigungen über die Theorie der Raumkrümmung durch Raumdehnung im Universum mit resultierender Schwerkraft zwischen Massen wie in diesem Buch beschrieben, aus urheberrechtlichen Gründen nur mit schriftlicher Zustimmung des Herausgebers.

Vorwort

Mit dieser Niederschrift möchte ich meine Theorie über die Entstehung von Schwerkraft in unserer Raumzeit vorstellen. Ich bin Arbeitnehmer im Ruhestand. Meine berufliche Tätigkeit umfasste zum Beispiel auch den Umgang mit 3D Konstruktionssoftware, mit der man ein gewisses Feingefühl, für die geistige Bewegung im virtuellen drei-dimensionalen Raum erwirbt. Ich glaube, dass dies in der Quantenwelt sehr hilfreich sein kann. Mein Interesse an Physik, speziell an der Quantenphysik pflege ich seit einigen Jahren. Meinen Wissensstand erweitere ich durch Bildungssendungen, Internetkanäle und Vorlesungen im Internet. Meine Vorbilder sind Albert Einstein, Marie Curie, Peter Higgs, Werner Heisenberg, Max Planck und viele andere.

Gute Lehrmeister sind für mich Harald Lesch / Astrophysiker, Andreas Müller / Physiker, Josef M. Gaßner / Astronom, GerdGanteför / Physiker, ...

Ich möchte mich an dieser Stelle für die Veröffentlichung ihrer Beiträge bedanken.

Hinweis: Die folgende Theorie entstand aus der Erkenntnis das mir angeeigneten Wissens. Es erfolgen alle Angaben ohne Gewähr. Ich als Autor weder der Verlag, können für eventuelle Schäden oder Nachteile, die aus dem Buch gegebenen Hinweisen resultieren, eine Haftung übernehmen.

Inhaltsverzeichnis

1. Die Sache mit der Schwerkraft	2
2. Der tiefe Fall	6
3. Was sagt uns Albert Einstein	10
4. Theorie vom Urknall	22
5. Energie der Zukunft	28
6. Das Higgsfeld	30
7. Zum Allerkleinsten	34
8. Theorie der Raumkrümmung	40
9. Welt der Quanten	48
10. Ein Teleskop der Superlative	52
11. Der Large Hadron Collider – LHC	56
12. Ein Ausflug zu Physik - und Chemie - Pioniere	60
13. Der Zerfall	66
14. Kurzer Ausblick	70
15. Wechselwirkungen des Higgsfeldes	74
16. Quellennachweis	79
17. Fotonachweis	81

Gunther Kuhn

1. Die Sache mit der Schwerkraft

Überlegungen: warum alles, das aus meiner Hand gleitet, mir auf die Füße fällt. Das Streben nach Raum und Zeit........

Ich stelle mir vor, das auf einer Wiese ein Apfelbaum mit reifen Früchten steht und ich an einem sonnigen Tag unter diesem liege. Eine leichte Brise weht durch das Geäst, es löst sich eine Frucht und fällt vom Baum. Eine weitere Person hat ein schattiges Plätzchen gesucht und liegt ebenfalls unter diesem Apfelbaum. Ihm fällt der reife Apfel auf dem Kopf. Nach einem kurzen Aufschrei sagt er zu mir: „Ich habe mich einmal mehr gefragt, warum muss der Apfel genau nach unten fallen und auf meinem Kopf landen, warum fällt er nicht zur Seite oder nach oben. Aber da muß es eine Kraft geben die dies bewirkt - ich nenne sie Schwerkraft."

Von diesem Thema angetan spreche ich zu dem Gelehrten mit Namen Isaak Newton: „Diese Kraft - die Schwerkraft könnte uns noch sehr verblüffen."   Schwerkraft = Gravitation, eine von vier Grundkräften im Universum und dazu die kleinste Kraft.

Isaac Newton war ein englischer Gelehrter in den Fachrichtungen Physik, Astronomie und Mathematik. Er erkannte, dass die Planetenbewegungen durch die Schwerkraft entstehen. Die Sonne im Zentrum mit der größten Masse gibt den Takt an. Für die Bahnen der Monde sind wiederum die Planeten selbst verantwortlich aufgrund von Abstand und Geschwindigkeit. Nach seinem Gravitationsgesetz üben Körper über den Abstand ihrer Schwerpunkte gegenseitige und anziehende Kräfte aus. Die Summe dieser Kräfte ist gleich groß.

Es gab einen älteren Herren Namens Galileo Galilei, 100 Jahre vor Newton, der von dieser Kraft befangen war. Um zum Beispiel zu ergründen wie sich Gegenstände im freien Fall vom schiefen Turm zu Pisa hinabgeworfen verhalten, wenn dabei der Luftwiderstand die Fallgeschwindigkeit beeinflusst. In seinem Forschungsdrang überwindet er sogar seine Höhenangst.

Wie etwas in der Natur funktioniert war schon immer für viele Menschen von Interesse. So habe ich mich seit langer Zeit gefragt, was dahinter steckt, das die Erde uns zu sich zieht. Vom Weltall aus betrachtet ist unser Heimatplanet eine Kugel und die chemischen Elemente sind, die sie enthält, unterschiedlich geschichtet. So sind die leichteren Atome wie Stickstoff, Sauerstoff, Wasserstoff und Kohlenstoff in der äußeren Hülle und die schwereren Stoffe wie Eisen, Blei und Gold mehr im Erdinneren zu finden.

Ich starte einen Selbstversuch und stoße mich mit beiden Füßen von der Erde ab und verspüre die Kraft, die einen wieder auf den Boden der Tatsachen zurückbringt. Dafür gibt es eine Erklärung:

Die Masse meines Körpers ist größer gegenüber der befindlichen Luft zwischen den Füßen und der Erdoberfläche.

Das Ergebnis meines Versuches ergibt: Schwerere Atome verdrängen leichtere Elemente bei ihren Weg in Richtung Massenschwerpunkt. Diese Erkenntnis gibt mir leider keine Antwort über eine Kraft, die dies vermittelt.

Bei meinem Sprung abwärts bekomme ich eine Vorstellung für die verantwortliche Kraft, die mich so manche Nacht um den Schlaf bringt. Um diese Theorie zu erklären, recherchiere ich in allen Richtungen, die mir zur Verfügung stehen. Sei es Vorlesungen von Professoren auf Bildungskanälen, Wissenschaftsbeiträge auf Youtube oder veröffentliche Versuche am Teilchenbeschleuniger am Cern und anderen Forschungseinrichtungen.

Gunther Kuhn

2. *Der tiefe Fall*

Die Schwerkraft zieht alles gleich schnell an, egal ob Hammer oder Falkenfeder.

Commander David Scott, während der Apollo 15 Mondlandemission, hat dies auf dem atmosphärelosen Mond demonstriert. Auf der Erde beträgt die Fallgeschwindigkeit im mittel $g=9,81 m/s^2$. Sie hat auf anderen Himmelskörpern eine Größe, die von deren Masse abhängt.

Auf den Mond liegt die Fallgeschwindigkeit bei $g=1,62 m/s^2$.

Damit war bewiesen, das Galileo Galilei mit seiner Aussage recht hatte, das im Vakuum verschiedene Massen gleich schnell fallen.

Mit großen Respekt verfolgte ich den Sprung von Felix Baumgartner - Rekord: 1.341,9 km/h im freien Fall aus einer Höhe von 38.969,4 Meter. Bei erreichen der Geschindigkeit von 1200 km/h, hat er die Schallmauer durchbrochen. Es wird deutlich, dass die Fallgeschwindigkeit eine beschleunigte Geschwindigkeit ist.

Die Anziehungskraft der Erde ist für den Menschen schon immer eine Angst einflößende Angelegenheit, wenn es in die Höhe geht. Zu beachten ist, dass die Fallgeschwindigkeit Richtung Erdkern beschleunigt wird, der Luftwiderstand sich dem durch Abbremsung entgegenstellt

So ist es von Vorteil das die gasförmigen Elemente die äußere Hülle bilden, beim fehlen der Erdatmosphäre wäre zwar der Geschwindigkeitsrekord deutlich höher ausgefallen, doch hätte sich der Fallschirm, aufgrund fehlenden Luftdruckes nicht geöffnet. Ein weiterer Pluspunkt einer vorhandenen

Atmosphäre ist das Abbremsen und Verglühen von Meteoriten und Asteroiden.

Gesteinsbrocken bis einige Meter Größe die sich im All Tummeln nennt man Meteoriten, sind sie größer, sind es Asteroiden und ab 1000 km im Durchmesser werden sie zu der Gruppe der Zwergplaneten aufgenommen. Obwohl sie über eine geringe Masse verfügen, besitzen diese Gebilde ein Schwerefeld.

Stockfotografie   Asteroiden fliegen in den Weltraum

Das Streben nach Raum

3. Was sagt uns Albert Einstein

Wir wissen, dass wir durch die Gravitation angezogen werden und immer Richtung Schwerpunkt der Masse hingezogen werden. Wir wissen aber nicht, wie diese Kraft vermittelt wird. Jetzt werden wir uns an Albert Einstein erinnern, der sagt, dass Masse den Raum krümmt, die größere Masse zieht die kleinere Masse an, diese Kraft lässt sich nicht abschirmen. Um dies bildlich darzustellen, benutzt man ein gespanntes Gummituch, in dem die Sonne durch ihre große Masse einsinkt und einen tiefen Krater ausbildet. Die Erde bewegt sich am Rand des Kraters und nur durch die Geschwindigkeit in ihrer Kreisbahn um die Sonne wird verhindert, dass die Erde in den Krater sprich Sonne stürzt.

Auf dem Gummituch ist ein Raster abgebildet, um zu zeigen, wie Masse den Raum krümmt. Als ich dies zum ersten mal sah, war mir bewusst, das dies eine vereinfachte Darstellung ist, und man sollte sich alles in drei Dimensionen vorstellen und die größte Masse ein Zentrum ausbildet. Um das sich alle anderen kleineren Massen mit Bahngeschwindigkeiten und Abständen bewegen. So kann man sich das Prinzip der zu beobachtenden Himmelsmechanik vorstellen.

Aber die Gummituchdarstellung täuscht eine Kraft vor die wiederum, als Schwerkraft durch das Einsinken der Sonne dargestellt wird. Das Problem ist: Wir wissen nicht, wie Schwerkraft erzeugt wird, gibt es ein Elementarteilchen namens Graviton, das mit Masse und der Raumzeit wechselwirkt? Es kann nicht nachgewiesen werden.

Es kann der Gravitation entgegengewirkt werden, mittels Geschwindigkeit in einer Umlaufbahn um einer Masse. So wie die die Planeten und Monde oder die Raumstation ISS und eine Unmenge Satelliten mit ihren unterschiedlichsten Aufgaben ihre Bahnen ziehen.

Gunther Kuhn

Stockfotografie   Gravitation und allgemeine Relativitätstheorie

Es sagt uns ebenso Albert Einstein, dass die Zeit Richtung Masse langsamer vergeht. So wird zum Beispiel durch Frequenzanpassung des Datenaustausches zwischen Erde und GPS-Satelliten, die sich in einer Entfernung von 20.200 km bewegen die Zeit korrigiert, da auf der Erde durch ihrer Masse die Zeit langsamer vergeht.

Ohne Korrektur wäre das Navigationssystem unbrauchbar da sich die errechneten Daten zur tatsächlichen Position immer weiter entfernen. Noch viele weitere Einflüsse führen dazu, das eine Korrektur notwendig ist. Laut Relativitätstheorie beträgt die Zeitdilatation im besagten Abstand von Erde zum GPS-Satelliten in 1000 Jahren 16,68 Sekunden.

Mit dieser Feststellung wäre die Zeit zur Massenabhängigkeit bewiesen!

Die Krümmung des Raumes hat Albert Einstein in seiner allgemeinen Relativitätstheorie beschrieben. Und wurde im Mai 1919 von Sir Arthur Eddington durch die Beobachtung der optischen Verschiebung von Sternen während einer Sonnenfinsternis bewiesen. Das Licht, der hinter der Sonne befindlichen Sterne, wurde wie durch eine optische Linse von der Schwerkraft der Sonne abgelenkt. Die Schwerkraft zeigt sich optisch wie sie den Raum beeinflusst.

Durch den Einsatz immer besserer Teleskope hat man diese Raumbeeinflussung in sogenannten Gravitationslinsen wiedergefunden. Es zeigt Raumkrümmung durch extrem hohen Massen. Das Prinzip ist wie ein Vergrößerungsglas, das weit dahinter liegende Objekte heranzoomt.

Licht besitzt keine Masse, deshalb bewegt es sich mit der größten Geschwindigkeit im Universum. Laut Formel von Albert Einsteins Relativitätstheorie: $E = m \cdot c^2$.

Sprich: Energie ist gleich dem Produkt aus Masse und Geschwindigkeit im Quadrat, wäre bei Erreichen der Lichtgeschwindigkeit einer Masse diese unendlich.

Licht ist eine elektromagnetische Strahlung. Elektromagnetische Strahlung wird in einem Spektrum zusammengefasst und wird unterschieden zwischen Energie und Frequenz. Wir sehen Licht nur in einem kleinen Spektrum zwischen UV-Strahlung und Infrarotstrahlung. Alles mit höheren Strahlungsenergien sind dann schon Röntgen-, Gamma- und Höhenstrahlung. Darunter liegende Energien nutzen wir zum Beispiel für die Mikrowelle und der Rundfunkübertragung.

Halten wir fest - ohne Licht gäbe es das Leben so nicht!

Elektromagnetische Strahlung besteht aus Quanten. Quanten sind nach heutigen Stand der Wissenschaft das aller kleinste und sie treten immer in Paketen auf.

Q u a n t e n p a k e t e entstehen im atomaren Bereich, wenn zum Beispiel Elektronen in ein anderes Energieniveau wechseln. Dabei geben Elektronen Energie als Quanten ab, insofern sie in ein niedrigeres Energieniveau wechseln oder nehmen Quanten auf, wenn sie in ein höheres Energieniveau wechseln. Das nennt man Quantensprung. Das Wort Quant= lat. Quantum bedeutet "wie groß, wie viel" und sagt uns, das wir mit dieser Einheit im Bereich des Allerkleinsten sind, ergo elementar und Elementarteilchen messbar sind. Der Philosoph Demokrit, geboren 460 vor Christus, formulierte Materie so, dass sie nicht unendlich teilbar ist.

Quanten werden unterteilt in:

Photon:
Quant des elektromagnetischen Feldes(u.a.sichtbares Licht)

Phonon:
Quant mechanischer Verzerrungswellen im Festkörper

Plasmon:
Quant einer Anregung im Festkörper, bei der die Ladungsträger gegeneinander schwingen

Magnon:
Quant der magnetischen Anregung

Gluon:
Quant des Kraftfeldes für die Starke Kernkraft

Graviton:
Quantelung des Schwerefeldes (hypothetisch)

Quant des Drehimpulses
wird nicht als Teilchen interpretiert
Das nehmen wir so zur Kenntnis.

Der Quantensprung ist winzig, lustig dagegen die Übertreibung von Industrie und Politik wenn sie Errungenschaften mit einen Quantensprung vergleichen.

Der Grundzustand eines Atoms ist erreicht, wenn ein niedriges Energieniveau vorherrscht und keine Quanten den Elektronen mehr entzogen werden können.

Albert Einstein bekam 1921 einen Nobelpreis verliehen, wonach er den photoelektrischen Effekt beschrieb. Unteranderen schrieb Einstein (1905)):

"In die oberflächliche Schicht des Körpers dringen Energiequanten ein,
  und deren Energie verwandelt sich wenigstens zum Teil in kinetische Energie der Elektronen. Die einfachste Vorstellung ist die, dass ein Lichtquant seine ganze Energie an ein einziges Elektron abgibt. ..."

Mit diesem Wissen, dass Elektronen Energie aufnehmen und wieder abgeben können, sind wir heute in der Lage mittels der Photovoltaik - Technik Energie von der Sonne einzufangen und in Strom umzuwandeln.

Einfach gesprochen sind Elektronen im atomaren Bereich Stromerzeuger. Wir nutzen diese Eigenschaft zur Verrichtung von Arbeit. Elektronen haben das Bestreben, ein Energieniveau immer auszugleichen. Sie halten das elektrische Potential im Gleichgewicht. Der Mensch nutzt mittels Generatoren diesen Effekt, um Strom zu erzeugen, und baut somit ein elektrisches Potential auf. Dabei wird die Lorenzkraft, die auf dem Prinzip der bewegten Ladungen in einem Magnetfeld beruht, genutzt.

Der Elektronenfluss wird durch die Coulombkraft ermöglicht, wobei eine Kraft zwischen elektrischen Ladungen entsteht. Diese Kraft wirkt bei gleicher Ladung abstoßend und bei pos.+ und neg. - Ladung anziehend.

Coulombkraft:

$$F = \frac{1}{4\pi\varepsilon_0}\frac{q_1\, q_2}{r^2}$$

q1, q2 = *kugelsymmetrisch verteilte Ladungsmengen*
r   = *Abstand zwischen den Mittelpunkten der Ladungsmengen*
ε 0   = *elektrische Feldkonstante*

Es besagt das 3. newtonsche Gesetz:
 Diese Kraft tritt paarweise auf. Übt eine Ladung Q1 oder Körper X auf eine andere Ladung Q2 oder Körper Y eine Kraft aus (Aktion-actio), so wirkt eine gleich große, aber entgegen gerichtete Kraft von Ladung Q2 oder Körper Y auf Ladung Q1 oder Körper X (Reaktion-reactio) aus.
 FA→B=−FB→A

Die Coulombkraft unterliegt der Gravitationskraft.

Newtonsches Gravitationsgesetz:

$$F = G\frac{m_1 m_2}{r^2}$$

Also die äquivalente Anziehungskraft zwischen 2 Massen ist gleich dem Produkt aus der Gravitationskonstante, Masse 1, Masse 2, geteilt durch den Abstand im Quadrat.

Elektronen sind weiterhin zuständig für die Bildung von Molekülen und stabilisieren Atomkerne, indem sie die Balance des Verhältnisses zwischen Protonen und Neutronen halten.

Gunther Kuhn

DAS STREBEN NACH RAUM

4. Theorie vom Urknall

Ein bisschen Entstehungsgeschichte, denn ohne Fundament lässt sich kein Haus bauen......

Es entstehen kurz nach dem Urknall, bei einer Temperatur von ~10 Billionen Grad die ersten Materieteilchen wie Quarks und Gluonen und daraus wiederum die Protonen und Neutronen. Auf einer kurzen Zeitschiene gesellten sich Elektronen hinzu, wobei es zum Zusammenschluss zu Atomen kam. Elektronen stellen die Basis für die elektromagnetische Kraft - eine Grundkraft. Es bildete sich das kleinste der Atome, das Wasserstoffatom. Dieses besteht aus einem Proton und einem Elektron. In diesem kurzen Zeitabschnitt war die schwächste der vier Grundkräfte geboren - die Schwerkraft - mehr hierzu später. Es war der Beginn der Wechselwirkung zwischen Materie und dem Higgsfeld.

Das Higgsfeld ist das Resultat aus dem Urknall, das den Raum in dem wir leben, erschafft und dies stetig weiter vergrößert. Die Vergrößerung des Raumes geschieht in Lichtgeschwindigkeit und dies in alle Richtung. Der Raum formt sich in ein Nichts hinein und wird in jede vorstellbare oder nichtvorstellbare Größe expandieren.

In den nach dem Urknall gewaltigen gebildeten Wasserstoff-Wolken bilden sich die ersten Sterne, die den Wasserstoff zu Helium fusionieren. Bei dieser Fusion werden große Mengen an elektromagnetischer Strahlung freigesetzt.

Und dabei entsteht das Licht, das wie unsere Sonne heute die Erde in gleißendes Licht taucht. Helium besitzt gegenüber Wasserstoff 2 Protonen und zusätzlich 2 Neutronen, wobei die Neutronen die Aufgabe übernehmen - eine Art, Isolator zu den positiven Protonen zu bilden, wie man so sagt - den Laden am laufen zu halten. Dieser Prozess der Fusion, der mit hohen

Druck, Temperatur und Energie stattfindet verstärkt die Wechselwirkung mit dem Higgsfeld, dass das Wasserstoffatom diese hohe Energie nur in einen Verbund mit einem weiteren Proton und zusätzlich zwei Neutronen ausgleichen kann. Aus vier Wasserstoffatome entsteht ein Heliumatom. Das Heliumatom ist in Summe leichter wie die vier Wasserstoffatome in der Ausgangsbasis. Dies nennt man Massendefekt und ist das Ergebnis aus entstandener abgegebener Strahlung.

Ohne die Bildung von Neutronen gäbe es nur Wasserstoffatome, man muss schon zugeben: In der Welt der Quanten gibt es nichts Unnützes und alles scheint zu passen.

Diese ersten Sterne haben nach meiner Meinung schon Planeten in Umlaufbahnen, dies waren Gasplaneten aus Wasserstoff, im Planetenkern in verflüssigter Form. Geht am Ende den Sternen der Brennstoff aus, können sie ab einer bestimmten Masse zur Supernova werden. Es werden dabei durch Kernschmelzprozesse Atome bis zum Element Eisen gebildet und es kann dabei zu einen Neutronenstern kollabieren oder zu einen Schwarzen Loch mutieren. Ein Neutronenstern entsteht bei Ende der Sternbrennzeit, durch eine gewaltige Explosion werden die Atome zum Zentrum hin verdichtet. Wobei das Element Eisen den größten Teil ausmacht. Dies geschieht bei einer Temperatur von bis zu 500 Milliarden Grad. Für schwerere Atome reicht die beim Bersten der Sonne entstandene Energie nicht aus, um benötigte höhere Temperaturen zu erzeugen. Der Druck erreicht dann eine Größe, so das die Elektronen in den Atomkern gedrückt werden. Die Protonen nehmen die Elektronen auf und wandeln sich in Neutronen um. Dabei wird Energie in Form von Strahlung ins All geschleudert. Der Erde nahe gelegene Rest einer Supernova ist der Krebsnebel im

Sternbild Stier, diese Supernova brach im Jahre 1054 aus. In seiner abgesprengten Hülle verteilen sich die neu gebildeten Atome als Sternenstaub in seinem Umfeld.

Gunther Kuhn

Krebsnebel

DAS STREBEN NACH RAUM

5. Energie der Zukunft

Heutige Forschungsprojekte beschäftigen sich unter anderen mit der Kernfusion, um das Energieproblem der Menschheit zu lösen. Es soll das Prinzip von Sternen in Fusionsreaktoren umgesetzt werden. Dabei werden zum Beispiel Deuterium und Tritium Atome in einem Beschleuniger durch starke Magnetfelder in einer Kreisbahn gehalten und beschleunigt. Deuterium ist das Element Wasserstoff mit zusätzlich einem Proton im Kern, es kommt in großen Mengen natürlich vor - umgangssprachlich schweres Wasser genannt. Tritium besitzt 2 Neutronen im Kern und wird mit Hilfe von Lithium hergestellt. Tritium ist radioaktiv und bei Neutronenüberschuss gegen über der Anzahl an Protonen nennt man dieses Atom Isotop. Dabei müssen Temperaturen von 150 Millionen Grad mittels Laser mit hohen Energien erreicht werden, um eine Verschmelzung der Atomkerne herbeizuführen. Wenn dies in Zukunft gelingt, kann mit der entstehenden Wärme, Energie in großen Leistungsbereichen gewonnen werden. Zum heutigen Forschungsstand ist der Break Event noch nicht erreicht. Im Kern der Sonne wird die Fusion schon bei 15 Millionen Grad gezündet. Jedoch lässt sich solch ein großer Druck im Sonneninnern, das der Fusion dienlich ist, in einem Fusionsreaktor nicht erzeugen.

Ein Fusionsreaktor steht zum Beispiel in Frankreich in Cadarache und trägt den Namen Iter, laut Plan soll er 2025? in Betrieb gehen aber noch keine nutzbare Energie liefern. An diesem Forschungsprojekt sind viele Länder weltweit beteiligt.

6. Das Higgsfeld

Von Interesse wäre es gewesen, wenn sich Albert Einstein, mit dem englischen Physiker, Peter Higgs hätte austauschen können, um so vom Higgsfeld mit seiner Wechselwirkung mit Materie in der Theorie zu erfahren. Ich bin mir sicher das Albert noch eine weitere Eigenschaft der Wechselwirkung zwischen dem Higgsfeld und der Eigenschaft Materie seine Masse zu verleihen, gefunden hätte. Das war eine großartige Leistung am Cern, als das Higgs-Boson 2012 nachgewiesen wurde.

Das Higgsfeld ist ein Energiefeld das unseren Raum, also das gesamte Universum erzeugt hat und dies stabil hält. Das Higgsfeld wechselwirkt mit Materie, die dieses anregt, wodurch Materie Masse erhält. Der Raum ist also alles Higgs. So gibt es keinen leeren Raum, da der Raum selbst aus Energie besteht.

Peter Higgs erklärt sich das Higgsfeld so, dass es aus einer Art Quantensirup besteht. Dieser Quantensirup bremst die umherfliegenden Teilchen und zieht an ihnen. Dadurch gewinnen sie Masse. Je stärker ein Teilchen mit dem Higgsfeld reagiert, desto mehr Masse hat es und kann wiederum das Higgsfeld leichter in Schwingung versetzen. Dadurch entstehen Wirbel im Quantensirup, die sich physikalisch als Higgs-Teilchen zeigen.

Um sich die Größen in diesen kleinsten Einheiten vorstellen zu können, ist ein Vergleich von bekannten Elementarteilchen vielleicht die anschaulichste Darstellungsform

Dr. Andy Parker, Physiker an der University of Cambridge erklärt:

"Elementarteilchen haben keine messbaren Größen. Physiker bezeichnen sie als punktartig, was aussagen soll, das bisher keine Form ausfindig gemacht werden konnte."

DAS STREBEN NACH RAUM

7. Zum Allerkleinsten

Die kleinste Größeneinheit ist die Planck-Länge:
1,6 x 10^{-35} m (Quantengröße)

Molekül:
 10^{-9} = 0,000 000 001 Nanometer

Atom:
 10^{-10} = 0,000 000 000 100 Pikometer

Atomkern:
 10^{-12} = 0,000 000 000 001 Pikometer

Proton:
 10^{-15} = 0,000 000 000 000 001 Femtometer

Quark:
 10^{-18} = 0,000 000 000 000 000 001 Attometer

Planck-Länge:
 1,6 x 10^{-35}
 0,000 000 000 000 000 000 000 000 000 000 000 16 m

Boson = Elementarteilchen die mit Fermionen
        Wechselwirken

Fermionen = Quarks = Bestandteile von
                    Protonen und Neutronen

Leptonen = Elektron, Myon, Tau,
           Elektron-Neutrino, Myon-Neutrino,
           Tau - Neutrino

Gunther Kuhn

Standardmodell der Elementarteilchen

Max Planck hatte im Jahre 1900 die Quantenhypothese eingeführt, um zu beschreiben, dass Strahlung mit Materie nicht beliebige Energiemengen austauschen kann, sondern nur diskrete Energiepakete, die er Quanten nannte. Diese Theorie benötigte er, um sein Strahlungsgesetz des schwarzen Körpers herzuleiten. Demnach beträgt die Energiemenge gleich der Frequenz in einem Strahlungsfeld. Delta E = hv oder ein ganzzahlig vielfaches davon, h= das konstante plancksche Wirkungsquantum. Das plancksche Wirkungsquantum oder auch Planck-Konstante (h) genannt beschreibt das Verhältnis zwischen Energie (E) und Frequenz (f) in einem Photon, E=h f. Die gleiche Beziehung gilt allgemein zwischen der Energie eines Teilchen oder physikalischen Systems und der Frequenz seiner quantenmechanischen Phase.

Mit der Planck-Konstante wurde die Quantenphysik begründet. Die Planck-Konstante verknüpft Eigenschaften, die vorher in der klassischen Physik entweder nur Teilchen oder nur Wellen zugeschrieben wurden. Damit ist es die Basis des Welle-Teilchen-Dualismus der modernen Physik. Ein Schlüsselexperiment ist das Doppelspalt-Experiment, erstmals von Thomas Young im Jahre 1802 ausgeführt.

Er führte dieses Experiment mit Licht aus, wobei sich zeigte, das Licht nicht strahlenförmig ist, sondern Welleneigenschaften besitzt. Später wurden die Experimente mit Materie wie Atomen und Molekülen durchgeführt.

Dabei wurde beobachtet das sich Materie wie Teilchen als auch wie Wellen verhalten kann.

Neben der Planck-Konstante betrachtete Max Planck noch die Gravitationskonstante und die Lichtgeschwindigkeit als fundamentale Naturkonstanten in der Physik.

Die Gravitationskonstante beschreibt Isaak Newton im Gravitationsgesetz. Dieses besagt das jeder Massenpunkt auf jeden anderen Massenpunkt mit einer anziehenden Gravitationskraft einwirkt.

Im Jahre 1873, also 200 Jahre nach Newton, wurde durch Alfred Cornu und Jean-Baptistin Baille das Gesetz in seiner heutigen Form eingesetzt.

Demnach ist der Wert der Anziehungskraft:

$$\underline{Gravitationskonstante(G)}$$
$$G \sim 6.67390 \cdot 10^{-11} \; m^3 / kg \cdot s^2$$

Dieser Wert ist sehr klein und doch spüren wir die Auswirkungen enorm.

Die Lichtgeschwindigkeit wurde 1973 von der Boulder - Gruppe am National Bureau of Standards (NBS) mittels Laser gemessen.

$$\underline{Messwert: Lichtgeschwindigkeit \; (c)}$$
$$299 \; 792,4574 \; km \; pro \; Sekunde.$$

Die Messung besagt die Ausbreitungsgeschwindigkeit von Licht im Vakuum. Die Geschwindigkeit des Lichtes durch Materie, wie zum Beispiel Luft und Wasser, wird abgebremst. So kann Licht in der Geschwindigkeit Licht überholen.

Näheres hierzu hat Albert Einstein in seiner Relativitätstheorie beschrieben.

Darin heißt es, dass im Bereich der höchsten Geschwindigkeiten Raum, Zeit und Masse relativ sind, und so vom jeweiligen Betrachter abhängig sind.

Das schwerste das wir im Universum kennen sind schwarze Löscher, also sehr viel Energie = Materie auf dichtesten Raum, sie krümmen den Raum so stark das nicht einmal Licht entweichen kann. Sie entstehen durch explodierende Sterne - Supernovae - und ist an die Bedingung geknüpft, dass der Stern mindestens die 2,1- fache Masse unserer Sonne hat.
Große schwarze Löscher befinden sich im Zentrum von Galaxien und verhalten sich wie Spinnen in einem Spinnennetz und fressen alles, das in Reichweite kommt. Unsere Heimatgalaxie ist die Milchstraße und in ihr sind ungefähr 100 bis 200 Milliarden Sterne angesiedelt. Es sind sicher schon viele Sterne zu einem schwarzen Loch in unserer Milchstraße geworden. Das Universum besteht seit ~ 13,8 Milliarden Jahre und ein Stern mit zweifacher Sonnenmasse ~1,8 Milliarden Jahre, dem entsprechend muss es sehr viele Schwarze Löscher geben. Diese bewegen sich gemeinsam wie unsere Erde im Sonnensystem um Sagittarius A Stern also dem großen schwarzen Loch im Zentrum mit ca. 4 Millionen Sonnenmassen.

8. Theorie der Raumkrümmung

Nun kommt es vor das sich schwarze Löscher selbst zu nahe kommen, dann kommt es zu einer Verschmelzung von beiden und da dies mit gewaltiger Energie aus Bewegung und Schwerkraft einhergeht, bilden sich Gravitationswellen aus Raum und Zeit die sich mit Lichtgeschwindigkeit bewegen. Das ist so ungefähr wie, wenn jemand einen Stein ins Wasser wirft und es sich ringförmig Wellen ausbreiten.

Gemessen werden diese Gravitationswellen mit dem"Laser Interferometer Gravitationswellen Observatorium". Diese Interferometer stehen unter anderen in den US-Städten Livingston und Hanford.

Da Gravitationswellen entstehen können, muss man davon ausgehen das unsere Raumzeit sprich Higgsfeld nicht statisch, sondern dynamisch geprägt ist. Das bedeutet das es gedehnt und gestaucht werden kann.

Meine Theorie sagt vorher: Das Higgsfeld kann verschieden große oder kleine Raumzeiten ausbilden. Das Higgsfeld gibt der Materie ihre Masse, dies geschieht indem Materie - fähige Elementarteilchen vom Higgsfeld, ich sag mal - mehr umspült werden und dabei entsteht der Effekt, dass die Raumzeit im angeregten Zustand mit Materie gedehnt wird. Es entsteht nicht nur die Masse der Materie, sondern stellt zusätzlich extra Raum zur Verfügung. Ich stelle diese Theorie auf:

$$Schwerkraft = gedehnter\ Raum$$

Das bedeutet das Elementarteilchen wie Quarks und Leptonen (Atome) sich in einer Raumblase befinden. In dieser

Raumblase ticken die Uhren anders. Dies stellt eine neue Dimension dar.

Die Dimension der Raumgröße = Strain

Schwerkraft wäre die Resultierende aus der Wechselwirkung mit dem Higgsfeld.

Wir hätten dementsprechend vier Raumdimensionen und eine Zeitdimension. Im Zentrum des gedehnten Raumes befindet sich reine Energie. Eine Energie, die in einer Wechselwirkung mit den Quarks und dem Higgsfeld interagiert. Ich weiß, dass dies sehr schwer vorstellbar ist, denn dies bedeutet das sich ein größerer Raum in einen kleineren Raum befindet, dieser ist jedoch nicht gleich groß in seiner Ausdehnung, sondern nimmt zum Zentrum hin stetig zu. Die Form des Raumes von einem Atom ist immer eine Kugel. Diese Raumdehnung wird auch auf das Umfeld ausgebildet und nimmt mit der Entfernung ab. Diese Raumdehnungen der Atome summieren sich, je mehr Masse ein Atom besitzt, desto größer wird sein Raum gedehnt. Die Atome mit der größten Masse und Raumdehnung bilden das Zentrum des Massenschwerpunktes. Unsere Sonne dehnt den Raum weit in das All hinaus, bis es auf Dehnungen anderer Himmelskörper trifft. So werden alle Planeten um die Sonne im gekrümmten Raum gehalten, weil sie die Bedingungen erfüllen mit ihrer eigenen Raumdehnung die Balance zu halten, gepaart mit der optimalen Umlaufgeschwindigkeit. Dies trifft wiederum für die Monde aller Planeten mit dem gleichen Spiel zu. Auf dieser Basis haben Schwarze Löscher ganze Galaxien aufgebaut und diese wiederum beeinflussen ihr Umfeld. Mit diesen Bedingungen lässt sich leicht feststellen, dass man die genaue Masse von Himmelskörpern mit den herkömmlichen mathematischen Methoden nicht errechnen kann.

Um dies ganz einfach zu erklären:

Das Higgsfeld bildet den Raum in alle Richtungen gleich aus bis es ein Energieniveau erreicht, das diese Ausbreitung zum Erliegen bringt und so bis in alle Ewigkeit verharrt. Nach dem Urknall bildete sich jedoch eine Energieform, die dem Higgsfeld gegenüber steht. Das wären dann die Elementarteilchen wie Fermionen und Bosonen. Wobei Quarks und Leptonen durch die Eichbosonen mit den Higgsfeld wechselwirken. Dabei entsteht Materie, beziehungsweise wird das Gefüge des Higgsfeldes gestört und an den Kontaktstellen gedehnt, da mehr Energie vom Higgsfeld zum Potentialausgleich aufgebracht werden muss. Dabei könnten die Gluonen selbst aus dem Higgsfeld hervorgebracht werden.

Gluonen besitzen keine Masse und Ladung, haben jedoch einen ganzzahligen Spin (Eigendrehimpuls).

Unsere Raumzeit wäre nach dieser Theorie immer in Bewegung, angetrieben von Materie die das Bestreben hat, sich mit Materie zu verbünden, um den Raum um sie zu vergrößern. Wie so etwas aussehen könnte, sehen wir mit Teleskopen. Aus Wasserstoffwolken formen sich Sonnen die sich durch Raumdehnung, Sonnensysteme aufbauen. Nach der Sternenbrenndauer entstehen ab einer bestimmten Größe massereiche Neutronensterne und schließlich Schwarze Löcher, dessen Plan *„das Streben nach Raum"* ist. Die weitere Abfolge ist das Bilden von Galaxien, Galaxienhaufen. ... Unser Sonnensystem befindet sich in der Milchstraße. Diese wiederum bewegt sich in der Lokalen Gruppe mit einer

Größe von 8 Millionen Lichtjahre. Dem übergeordnet ist der Virgo Superhaufen mit einer Ausdehnung von 150-200 Millionen Lichtjahre. Der Laniakea Superhaufen mit einer Größe von 520 Millionen Lichtjahren beinhaltet das voran beschriebene. Und alles in allem befindet sich alles im Beobachtbaren Universum das rund 90 Milliarden Lichtjahre umfasst und geschätzt 2 Billionen Galaxien beinhaltet. Das bislang größte bekannte Super massenreiche Schwarze Loch befindet sich im Zentrum der Galaxie Messier 87 oder auch M87 genannt. Es hat eine Masse von 6,5 Milliarden Sonnenmassen. Und irgendwann, wird die Materie unseres Sonnensystems in diesem Schwarzen Loch verschwinden und alles, das keine Materieform in sich trägt, wie elektromagnetische Strahlung in riesigen Jets an den Polen der Rotationsachse ausstoßen.

Das Universum ist nicht so aufgebaut, das sich alle Energiefelder gleichmäßig vermischen und so durch Ausdehnung immer weiter verdünnen. Im Gegenteil, das Higgsfeld mit der Eigenschaft, Masse zu besitzen, ist die Konkurrenz zu den masselosen Energiefeldern. Aber da Letztere sich vom Higgsfeld Energie erbeuten und sich dann verbünden, ergo Einigkeit macht stark, wird wohl der Raum im wahrsten Sinne des Wortes den Kürzeren ziehen und bis ins Allerkleinste schrumpfen.

So unvorstellbar die Raumgröße ist, so unvorstellbar die Größe der in ihr enthaltenen Masse an Materie ist, so unvorstellbar ist es auch, wie viel Zeit vergehen muss bis diese Masse in seiner Gesamtheit alles beendet.

Sphärische energetische Quantenblase-Computeranimiert

Masse wäre nach meiner Theorie gequantelte Energie in einem gedehnten Raum hervorgerufen durch die Starke Kernkraft. Daraus resultiert das die 4. Grundkraft, die Schwerkraft ergo Gravitation eine Ableitung aus der 1. Grundkraft, der Starken Wechselwirkung ist.

Grundkräfte der Physik:

1. Starke Wechselwirkung
2. Schwache Wechselwirkung
3. Elektromagnetische Kraft
4. Gravitation

Diese Kräfte entstehen durch Wechselwirkung von Energiefeldern,
die in einer definierten Quantelung Interagieren.

Das Streben nach Raum

9. Welt der Quanten

Ach ja, was sind Quarks? Ein Atom besteht aus einem Atomkern und Elektronen. Ist die Anzahl der Elektronen gleich der Anzahl der Protonen, ist das Atom elektrisch neutral. Werden dem Atom Elektronen entzogen, dies geschieht zum Beispiel beim Aufladen eines Akkus, ist der Atomkern elektrisch positiv geladen. Dann nennt man dieses Atom Ion. Der Atomkern enthält Protonen, sie sind positiv geladen und Neutronen, sie sind elektrisch neutral. Protonen bestehen selbst aus zwei Up-Quarks (Pos.+) und ein Down-Quark (Neg.-). Diese Quarks werden durch das Gluon im Verbund gehalten, das Gluon bildet die starke Kernkraft. Es ist ein Austauschteilchen und man bezeichnet seine Energie als Farbladung. Es ändert den Quarks-Verbund ständig in seiner Farbladung, so das eine starke Kraft entsteht. Die Änderungsgeschwindigkeit dieser Farbladung ist so enorm hoch, so das jede Reaktion von positiv und negativ im Keime erstickt wird. Diese Kraft ist eine der vier Gundkräfte - die starke Kernkraft. Diese Wechselwirkung wird Quantenchromodynamik bezeichnet. Ab der Größe von Elektronen und Quarks spricht man von Elementarteilchen, sie sind nach heutigen Wissensstand nicht mehr teilbar. Ab diesen Maßstab bewegen wir uns in der Quantenphysik. In der Physik wird unter Quant ein Objekt verstanden, das durch einen Zustandswechsel in einem System mit diskreten Werten einer physikalischen Größe erzeugt wird (Quelle: Wikipedia).

Das Neutron besitzt dagegen ein Up-Quark und zwei Down-Quarks. Im Bereich der Quantenphysik geht es viel um Theorien, die dann durch Versuche in Teilchenbeschleunigern bestätigt werden können. Dennoch haben diese Versuche im Ergebnis, bedingt als einzige Möglichkeit, um in diese Welt des allerkleinsten vorzudringen den Nachteil, das atomare

Bausteine zertrümmert werden müssen. Das ist so, als würde man statt Protonen mechanische Wecker beschleunigen und nach der Kollision viele Zahnräder finden, jedoch die Funktion der Mechanik dieses Weckers, könnten wir nicht erklären. Natürlich vorausgesetzt das wir nicht wissen, was ein Wecker ist und dessen Funktion wir nicht kennen.

Leider sind alle physikalischen Vorgänge sehr viel komplexer, aber ich bin der Meinung es der Einfachbarkeit schöner, wenn mehr Menschen in diese Welt mitgenommen werden können.

DAS STREBEN NACH RAUM

10. Ein Teleskop der Superlative

Die Krönung der heutigen Wissenschaft hinsichtlich der praktischen Anwendung ist die Installation des James-Webb-Teleskopes in einer Entfernung von 1,5 Millionen Kilometern an einen Lagrangepunkt.

Ein Lagrangepunkt ist ein Punkt, wo sich die Schwerkräfte von zwei Körpern aufheben. In diesem Fall die Schwerkraft zwischen Sonne und Erde. Nach meiner Theorie wäre dies ein Punkt, an dem sich das Niveau der Raumgröße ausgleicht. Das James-Webb-Teleskop arbeitet im Infrarot Bereich der elektromagnetischen Strahlung und somit kann es uns mehr Details als im sichtbaren Licht zeigen. So kann es durch kosmische Staubwolken hindurch oder in sie hinein schauen. Es sendet uns Bilder in einer Brillanz und Schönheit von Geburtsstätten von Sternen oder Galaxien oder Gravitationslinsen, die dahinterliegende Galaxien näher heranzoomen und doch Milliarden Lichtjahre von uns entfernt sind. Welch gewaltige Raumdehnung muss in diesen Gravitationslinsen verborgen sein, die von supermassereichen Schwarzen Löchern erzeugt werden.

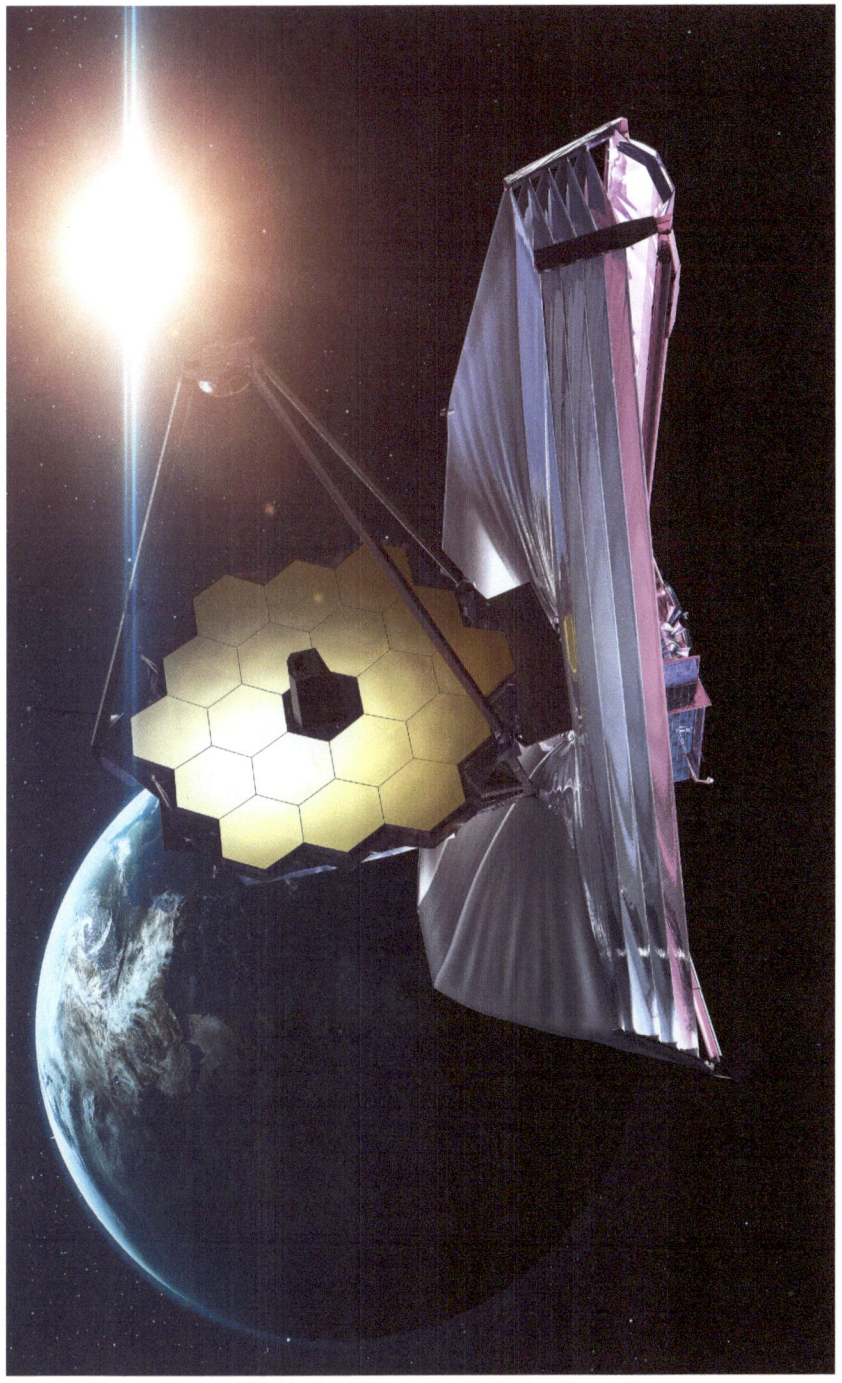

James Webb Teleskop–künstlerische Darstellung

Das Streben nach Raum

11. Der Large Hadron Collier – LHC

Der größte Teilchenbeschleuniger befindet sich in der Schweiz an der Grenze zu Frankreich in Cern. Es ist der LHC (Large Hadron Collider) und ist tief unter dem Cern - Laboratorium und hat eine Länge von 27 km. In ihm werden Protonen gegenläufig bis nahe Lichtgeschwindigkeit beschleunigt und anschließend zur Kollision gebracht. Aus den Trümmern entstehen neue Arten von Teilchen, die von Detektoren nachgewiesen werden. Der LHC besitzt zwei Detektoren, zum einen den Atlas und zum anderen den CMS-Detektor. Dadurch möchte man alle Messungen verifizieren, um mehr Sicherheit in den Datenauswertungen zu bekommen. So wurde auch das Higgs-Boson entdeckt. Diese Experimentalforschung ist sehr aufwendig und teuer, ist aber notwendig um in diesen Größenordnungen vor zudringen.

Diese Forschungs Methotik beruht auf der berühmten wie auch genialen Gleichung von Albert Einstein: $E = m \cdot c^2$. Eine Masse, die durch Energiezufuhr beschleunigt wird, setzt diese Energie in Masse um. Am Cern werden Geschwindigkeiten von Protonen nahe der Lichtgeschwindigkeit erzeugt. Lichtgeschwindigkeit = 299.792 km pro Sekunde. Wichtig: Masse kann die Lichtgeschwindigkeit nie erreichen, da die benötigte Energie ins Unendliche steigen würde.

In meiner Gedankenwelt verstehe ich darunter: Masse, sprich gedehnter Raum, kann durch Energiezufuhr beschleunigt werden, der Raum will expandieren, dies kann er jedoch nicht bis zur Lichtgeschwindigkeit erreichen, da diese Größe unendlich wäre.

Anders verhält es sich mit einem Photon, ...

Ein Photon geht keine Wechselwirkung mit dem Higgsfeld ein, es hat keine Masse und besitzt auch keinen extra Raum und somit vergeht für dieses Photon auch keine Zeit.

Zur Entstehung unserem Sonnensystem könnte man Folgendes sagen: Es binden sich Wasserstoffatome zu einer riesigen Wolke aus Wasserstoff und anderen schwereren Elementen. Zuerst bilden sich Wasserstoff-Paare zu einem Molekül durch ein gemeinsames Elektronenpaar. Die weitere Bindung von Wasserstoff könnte durch den Sog der Extraraumzeit von Atomen vollzogen werden. Mit Zunahme des atomaren Verbundes nimmt auch die Raumzeit in diesem zu und somit gewinnt auch die Gravitation an Kraft. Im Atom befindet sich der größere Raum, der seine Ausdehnung weit über seine Hülle hat, Raumgrößen sind immer anziehend.

Sprich mehr Extraraumzeit = mehr Gravitationskraft.

Das wäre der Beginn von gravitativen Bindungen innerhalb unseres Sonnensystems. Durch diese Bindungen entsteht Bewegungsenergie, die zur Ausbildung einer Akkretionsscheibe führt.

Die Sonne im Zentrum bildet den größten Extraraum im Sonnensystem und krümmt so den Raum in und um der Sonne. Dies sollte man sich wie eine runde Blase vorstellen, die im Zentrum die größte Ausdehnung hat und dann noch außen an Größe abnimmt.

Die Planeten krümmen ebenso den Raum in und um sich. Jetzt könnte man sagen, das die Erde in die Sonne stürzt, da diese einen viel größeren gedehnten Raum besitzt. Aber zum Glück haben wir noch unsere Bahngeschwindigkeit, die dies verhindert.

Und wenn ich Isaak Newton in Gedanken noch einmal begegne, werde ich ihm sagen:"Schwerkraft ist, wenn etwas aus einen kleineren Raum, in einen größeren Raum fällt und das immer Richtung Massenschwerpunkt".

Nach meiner Denkweise vergrößert sich der atomare Raum mit Zunahme an Protonen und Neutronen und bis zum Element Blei. Im Verbund von 82 Protonen und 82 Neutronen bleibt die entstandene Raumgröße stabil und das Energieniveau zum Higgsfeld bleibt ausgeglichen. Eine weitere Anreicherung von Protonen und Neutronen erzeugt einen größeren Bedarf an Energie, dass das Higgsfeld nicht stabil bereitstellen kann. Um den Energiebedarf auszugleichen, werden mehr Neutronen im Verhältnis zu den Protonen erzeugt. Diese Atomkerne bilden sich zu Isotope. Dieses Niveau ist nicht ausgeglichen und der Atomkern wird radioaktiv. Die Raumzeitgröße hat die Grenze zur Dehnung im normalen Materiezustand erreicht und kann nicht stabil weiterwachsen. Die Isotope zerfallen bis sie in den stabilen Bereich bei maximal 82 Protonen und 82 Neutronen im Kern binden. Diese Zerfallsprozesse sind in den Halbwertszeiten zeitlich beschrieben.

Halbwertszeit z.B. von Uran

Variante	*Halbwertszeit*	*Aktivität*
Uran-235	703'800'000 Jahre	80 Bq/mg
Uran-234	245'500 Jahre	216'000 Bq/mg
Plutonium-239	24'110 Jahre	2'307'900 Bq/mg
Cäsium-137	30 Jahre	3'300'000'000 Bq/mg

Begriff:	Aktivität
Definition:	Anzahl der Atomkerne, die in einer Sekunde zerfallen
Maßeinheit:	Becquerel (Bq)

12. Ein Ausflug zu Physik - und Chemie - Pioniere

Die Physikerin und Chemikerin Marie Curie untersuchte, die von Henri Becquerel beobachte Strahlung von Uranverbindungen. Diese Strahlung benannte sie als "radioaktiv". Marie Curie und ihr Ehemann Pierre Curie entdeckten im Jahre 1898 in der Pechblende aus dem böhmischen St. Joachimsthal die chemische Elemente Radium und Polonium. Radium besitzt außer Strahlung noch die Eigenschaft einer Leuchtkraft. Sie mussten tonnenweise Pechblende extrahieren, um eine geringe Menge an Radium zu erhalten. Dabei wurde auch Uran extrahiert, diesem wurde keine große Bedeutung beigemessen, da die Strahlung viel geringer gegenüber Radium ausfällt. Eine sinnvolle praktische Anwendung für Radium hatte Marie Curie in der Medizin durch den Einsatz von Röntgenapparaturen gefunden.

Es wurde jedoch noch nicht erkannt, dass diese radioaktive Strahlung durch Zerfallsprozesse entsteht.

Im Jahre 1938 gelang es Otto, Hahn mit seinem Assistenten Fritz, Straßmann zu beweisen das sich Uran durch Neutroneneinschleusung in das Spaltprodukt Barium spaltet. Die theoretische Ableitung der Kernspaltung stellte 1939 Lise Meitner in Zusammenarbeit mit ihren Neffen Otto Frisch in der Zeitung "Nature"vor.

Gunther Kuhn

Marie Curie-Grafik

Das Streben nach Raum

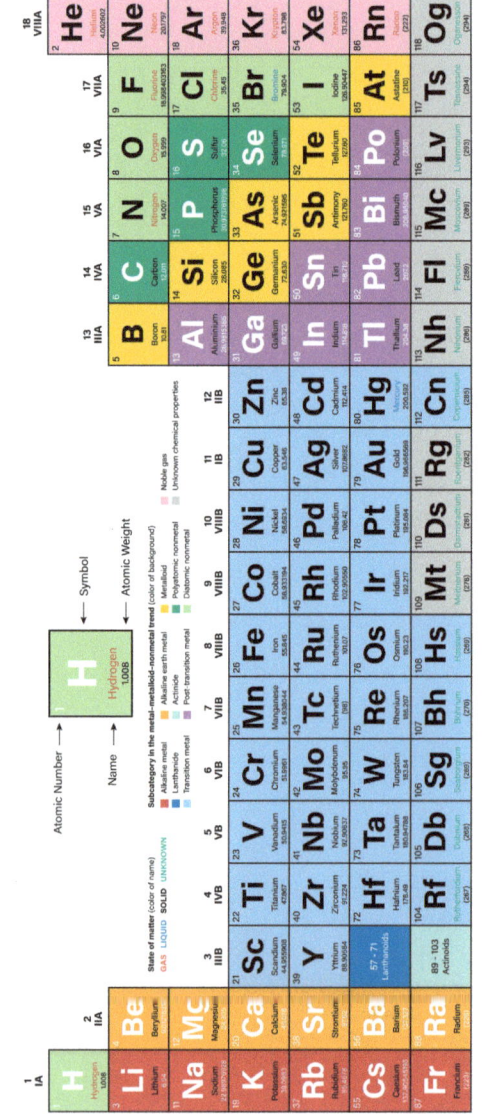

Gunther Kuhn

Das Streben nach Raum

13. Der Zerfall

Die natürlichen Spaltprozesse von Isotopen sind der Alpha- , Beta- und der Gamma - Zerfall.

Beim Alpha Zerfall lösen sich Helium-4-Kerne aus dem Mutterkern, also Kerne mit 2 Protonen und 2 Neutronen. Da diese Kerne eine große Masse besitzen, ist die Reichweite der Abspaltung nicht groß. Um diese Kraft abzuschirmen reicht ein Stück dickes Papier. Der Mutterkern verkleinert sich um zwei Ordnungsstellen nach unten.

Der Beta-Zerfall wird unterschieden in Minus und Plus Zerfall. Beim Beta-Minus-Zerfall wandelt sich ein Neutron in ein Proton und es wird Beta-Strahlung freigesetzt. Dabei gibt das Neutron ein Elektron und ein Elektron - Antineutrino frei. Das chemische Element wandelt sich in des nächst höhere Element um. Diese Wandlung wird durch das Elementarteilchen W-Boson vollzogen, indem es im Neutron ein Up-Quark zum Down-Quark wandelt.

Neutrino: elektrisch neutral; geringste Masse; wenig Wechselwirkung mit Materie; schwer zu detektieren.

Während des Beta-Plus-Zerfalls wird ein Positron emittiert. Das Positron ist ein Elektron mit positiver Ladung. Es wandelt sich ein Proton in ein Neutron um. Das W+Boson der schwachen Wechselwirkung wandelt ein Down-Quark in ein Up-Quark und zerfällt selbst in ein Positron und Elektron-Neutrino. Diese beiden Beta-Zerfälle lassen sich mit Metallfolie abschirmen.

Der Gamma-Zerfall geschieht meist nach dem Alpha- oder Beta-Zerfall.

Dabei wird energiereiche Gammastrahlung freigesetzt, um das Atom in einen tieferen Energiezustand zu versetzen.

Gammastrahlung ist im Gegensatz zur Alpha- und Betastrahlung keine Teilchenstrahlung, sondern eine elektromagnetische Strahlung. Diese Strahlung lässt sich am besten mit den größten stabilen Atomen abschirmen - Blei.

Demnach müsste die Existenz eines stabilen Elementes solange bestehen, wie es mit dem Higgsfeld wechselwirkt, also findet es mit dem Higgsfeld ein Ende oder es wird in einem schwarzen Loch zu einem Gluonen - Quarks-Brei zerquetscht.

Das Streben nach Raum

14. Kurzer Ausblick

Könnten wir Neutrinos am Nordpol losschicken und dann die Zeit am Südpol messen, welche Zeit also Strecke sie zurückgelegt haben, würden man feststellen, dass der Erddurchmesser nicht stimmig mit dem Erdumfang nach mathematischer Formel: Durchmesser = Umfang durch Pi ist.

Wir spüren auf der Erde nichts von Raumkrümmung und -dehnung, da sie messbar sehr gering ist, jedoch erfahren wir Schwerkraft, die daraus resultiert.

Meine Theorie nimmt an, dass im Universum in seiner Gesamtheit mehr Materie im Raum vorhanden ist, das durch das Higgsfeld mittels Wechselwirkung erzeugt wird, als man tatsächlich als Beobachter wahrnehmen kann. Dies würde bedeuten das die bisher angenommenen Massenwerte für Sterne, Galaxien und besonders schwarze Löscher in Summe viel höher sind und es nicht unbedingt dunkle Materie oder dunkle Energie braucht.

Ein mögliches Szenario für das zyklische Ende des Universums könnte sein, das sich das größte Schwarze Loch zu einem super Schwarzen Loch durch Einverleibung aller Materie entwickelt und das gesamte Higgsfeld in sich aufnimmt. Sobald das Higgsfeld vom Schwarzen Loch verschlungen ist, endet auch die Zeit und der Raum kollabiert zum geringsten Nichts. Das Einzige, das dann noch vorhanden sein könnte, ist Energie in einen Raum der Größe eines Quantes, denn kleiner geht es nach Stand der Wissenschaft nicht. Meine Generation kennt noch den Röhrenfernsehapparat, nach dem ausschalten verschwand das Bild zum Zentrum hin und verkleinerte sich bis zu einem weißen Punkt, bis dieser erlosch.

Bis eine Instabilität alles auf Anfang stellt.

Was spricht für meine Theorie:

Die Sonne bildet eine Linse aus - Lichtablenkung von Sternen. Theorie von Albert Einstein - bewiesen von Sir Arthur Eddington.

Das Licht wird nicht wirklich abgelenkt, sondern durch die Gravitationslinse, ausgebildet als Kugelform, gespiegelt (Inversion = Spiegelung an einer Kugel).

Die Zeit vergeht im extra gedehnten Raum langsamer, da dieser größer ist. Die Zeitabweichung von GPS Satelliten in Bezug zur Erde, also vom kleineren Raum zum gedehnten Raum.

Gravitationslinsen zeigen die Umrisse der Extra gedehnten Raumzeit.

Dann haben wir noch die Voids, denen ein ähnlicher Effekt anhaftet, also Blasen im gigantschen Ausmaß. Es ist alles Relativ - Zitat von Albert Einstein, so kann man sich auch vorstellen, das das Universum am Anfang seiner Entstehung nicht einmal die Größe eines Atomes hatte. Relativ vom Standort des Beobachters gesehen.

Philosophisch betrachtet, wirkt unser Universum wie ein Pilzgeflecht. Das zyklisch Früchte ausbringt, darin enthalten der Geist des Higgs-Feldes in Form von Materie.

Higgsfeld = Doppelhelix?

Das Streben nach Raum

15. Wechselwirkungen des Higgsfeldes

Die Schwerkraft übt eine Beschleunigung auf die Masse eines Körpers aus und daraus entsteht eine Kraft. Diese Kraft ist messbar und der angezeigte Wert ist das Gewicht eines Körpers. Nach Albert Einsteins Masse-Energie-Äquivalenzgleichung $E = m \cdot c^2$ ist Masse mit Energie austauschbar. Die Masse ist die Summe aller Atome, die in ihr enthalten sind. Die Masse eines Atomes kommt zu 99% aus der Kernbindungsenergie. Und diese Starke Kernkraft ist eine von vier Grundkräften. Verantwortlich für diese Kraft ist das Elementarteilchen Gluon. Durch die Wechselwirkung mit den Quarks entsteht die Starke Kernkraft. 1% der Masse geht aus den Elektronen hervor. In Summe sind diese 100% Masse reine Energie. So werden alle Massenangaben für Elementarteilchen in eV/c^2 angegeben. Wägbare Masse der Atome entstehen nur in Verbindung mit dem Higgsfeld.

Die Bestandteile der Materie im gesamten Universum werden durch das Standard-Model der Elementarteilchen beschrieben. Diese Theorie beschreibt diese Teilchen als Quantenanregung. Wie das Higgsfeld gibt es für jede Elementarteilchengruppe ein elektromagnetisches Feld. So entsteht durch Anregung in einem elektromagnetischen Elektronenfeld ein Elektron oder Anregung in einem Quarkfeld ein Quark. Die Teilchen bewegen sich in ihren Feldern wellenförmig, bei Messung dieser zeigen sie sich als Teilchen. Nicht nur das Higgsfeld erstreckt sich in der gesamten Raumzeit, sondern alle Teilchenfelder füllen den gesamten Raum.

Alle Felder sind auch im Grundzustand in Schwingung versetzt. Nach der Heisenbergschen Unschärferelation werden Teilchen mit Energie aus dem Vakuum ständig gebildet die sich nach kurzer Zeit wieder vernichten und die

Energie wird wieder ans Vakuum abgegeben. Infolge dieser Kurzlebigkeit können sie nicht gemessen werden. Alle Teilchenaktivitäten sind so gering das alle Felder in Summe sich noch im Grundzustand befinden. Richtige Teilchen entstehen erst dann, wenn ein Teilchenfeld dem Higgsfeld Energie entzieht, es muss jedoch ein quantisierter Energiewert sein, der den exakten Wert der Teilchen entspricht. Zum Beispiel für ein Quark Up Teilchen mit dem Energiewert von 2,2 MeV / c^2 oder ein vielfaches des Wertes. Von allen Feldern besitzt nur das Higgsfeld eine Masse und ist positiv geladen. Diese Masse bezeichnet man als Vakuumenergie.

Der Energiegehalt des Higgsfeldes beträgt 246 GeV und diese Größe ist der Vakuumerwartungswert. Dieser Wert entspricht den zu erwarteten Energiegehalt, wenn das Higgsfeld sich im Grundzustand befindet.

Wie erwähnt befindet sich jedes Elementarteilchen in einem Feld. Und gäbe es keine weiteren Felder, mit den es wechselwirken könnte, wären alle Elementarteilchen masselos und bewegten sich mit Lichtgeschwindigkeit. Aber Teilchen wechselwirken mit dem Higgsfeld und es bildet sich eine Kopplung, bei dem sich das Teilchen die für sich entsprechende Energie entnimmt. Diese Energie wird Kopplungskonstante bezeichnet. Für ein Elektron liegt dieser Wert bei 0,511 MeV / c^2 und dieser Energiewert entspricht dem Wert seiner Ruhemasse. Die Masse der einzelnen Teilchen hängt demzufolge von der Kopplungskonstanten ab. Durch die wechselwirkende Kopplung werden die Teilchen vom Higgsfeld abgebremst. Wie als würde es sich in Honig fortbewegen. Teilchen wie Gluonen und Photonen bilden keine Masse und bewegen sich mit Lichtgeschwindigkeit, jedoch eine genaue Erklärung, warum diese Bosonen keine Wechselwirkung mit dem Higgsfeld eingehen, ist hierzu noch ausgeblieben. Die Abgabe von Masse an Teilchen, also der Higgsfeld-Mechanismus bedeutet in der Quantenphysik, dass die Symmetrie gebrochen wird.

Gunther Kuhn

Quellennachweis

Seite 3:
https://www.biologie-schule.de/isaac-newton.php
Seite 7:
https://www.youtube.com/watch?v=oYEgdZ3iEKA
https://www.leifiphysik.de/mechanik/freier-fall-senkrechter-wurf/geschichte/galileis-untersuchung-des-freien-falls
https://de.wikipedia.org/wiki/Red_Bull_Stratos
Seite 8:
https://www.hna.de/wissen/asteroid-meteor-nasa-sonnensystem-impact-dart-einschlag-91858951.html
Seite 11:
https://de.wikipedia.org/wiki/Raumkr%C3%BCmmung
Seite 13:
https://www.wissenschaft.de/technik-digitales/ohne-einstein-kein-navi/
Seite 15:
https://www.mpg.de/9236014/eddington-sonnenfinsternis-1919
https://www.spektrum.de/lexikon/astronomie/relativitaetstheorie/403
Seite 16:
https://www.chemie.de/lexikon/Quant.html
https://www.spektrum.de/lexikon/physik/elektromagnetische-strahlung/4055
Seite 18:
Annalen der Physik 17, S. 132- 148
Seite 24:
https://de.wikipedia.org/wiki/Neutronenstern
Seite 29:
https://de.wikipedia.org/wiki/Kernfusionsreaktor
Seite 31:
https://de.wikipedia.org/wiki/Higgs-Boson
Seite 37:
https://de.wikipedia.org/wiki/Plancksches_Strahlungsgesetz
Seite 38:
https://www.leifiphysik.de/mechanik/gravitationsgesetz-und-feld/ausblick/gravitationskonstante
https://de.wikipedia.org/wiki/Boulder-Gruppe
Seite 39:
https://youtu.be/HYdjwzHTKuE

Seite 41:
https://www.youtube.com/watch?v=IAZV2Vg33sM
Seite 42:
https://de.wikipedia.org/wiki/Quark_(Physik)
Seite 53:
https://www.spektrum.de/news/slowblog-die-spannenden-funde-des-james-webb-space-telescope/2037829
Seite 57:
https://de.wikipedia.org/wiki/Large_Hadron_Collider
Seite 61:
https://de.wikipedia.org/wiki/Marie_Curie
Seite 67:
https://www.products.pcc.eu/de/academy/radioaktiver-zerfall-von-elementen/
Seite 75:
https://www.youtube.com/watch?v=R7dsACYTTXE

Fotonachweis

Seite 3:   Depositphotos_278558564_EL Autor KrisCole
Seite 8:   Depositphotos_302677778_EL Autor kvart777@ukr.net
Seite 12:   Depositphotos_557739466_EL Autor vchalup2
Seite 14:   Depositphotos_223768862_EL Autor cookelma
Seite 26: Depositphotos_223768862_EL Autor cookelma
Seite 36: Depositphotos_38511129_EL   Autor edesignua
Seite 45: Depositphotos_99017400_EL   Autor Juric.P
Seite 54: Depositphotos_98492278_EL   Autor Shad.off
Seite 62: Depositphotos_341710302_EL Autor Panthermedia Seller
Seite 63: Depositphotos 184694222 EL Autor duntaro.gmail.com